essentials

essentials liefern aktuelles Wissen in konzentrierter Form. Die Essenz dessen, worauf es als „State-of-the-Art" in der gegenwärtigen Fachdiskussion oder in der Praxis ankommt. *essentials* informieren schnell, unkompliziert und verständlich

- als Einführung in ein aktuelles Thema aus Ihrem Fachgebiet
- als Einstieg in ein für Sie noch unbekanntes Themenfeld
- als Einblick, um zum Thema mitreden zu können

Die Bücher in elektronischer und gedruckter Form bringen das Expertenwissen von Springer-Fachautoren kompakt zur Darstellung. Sie sind besonders für die Nutzung als eBook auf Tablet-PCs, eBook-Readern und Smartphones geeignet. *essentials:* Wissensbausteine aus den Wirtschafts-, Sozial- und Geisteswissenschaften, aus Technik und Naturwissenschaften sowie aus Medizin, Psychologie und Gesundheitsberufen. Von renommierten Autoren aller Springer-Verlagsmarken.

Weitere Bände in dieser Reihe http://www.springer.com/series/13088

Daniel R.A. Schallmo · Volker Herbort
Oliver D. Doleski

Roadmap Utility 4.0

Strukturiertes Vorgehen für die digitale Transformation in der Energiewirtschaft

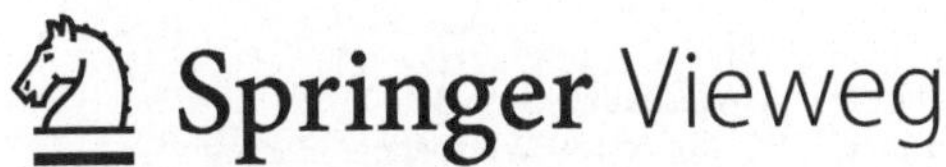

Daniel R.A. Schallmo
Ulm, Deutschland

Oliver D. Doleski
Ottobrunn, Deutschland

Volker Herbort
Ulm, Deutschland

ISSN 2197-6708 ISSN 2197-6716 (electronic)
essentials
ISBN 978-3-658-17654-9 ISBN 978-3-658-17655-6 (eBook)
DOI 10.1007/978-3-658-17655-6

Die Deutsche Nationalbibliothek verzeichnet diese Publikation in der Deutschen Nationalbibliografie; detaillierte bibliografische Daten sind im Internet über http://dnb.d-nb.de abrufbar.

Springer Vieweg

Gedruckt auf säurefreiem und chlorfrei gebleichtem Papier

Springer Vieweg ist Teil von Springer Nature
Die eingetragene Gesellschaft ist Springer Fachmedien Wiesbaden GmbH
Die Anschrift der Gesellschaft ist: Abraham-Lincoln-Str. 46, 65189 Wiesbaden, Germany

Was Sie in diesem *essential* finden können

- Entwicklung der definitorischen Grundlage für den Leitbegriff der digitalen Transformation von Geschäftsmodellen
- Vorstellung einer Roadmap für die erfolgreiche digitale Transformation von Geschäftsmodellen
- Darstellung der fünf konstitutiven Phasen als praxistaugliches Vorgehensmodell
- Erläuterung des Phasenmodells mittels ausgewählter Beispiele aus der Energiewirtschaft

Vorwort

Die Digitale Transformation betrifft alle Bereiche der Gesellschaft und insbesondere der Wirtschaft. Dabei eröffnet sie neue Möglichkeiten der Vernetzung und Kooperation unterschiedlicher Akteure, die z. B. Daten austauschen und somit Prozesse anstoßen. In diesem Zusammenhang spielt die Digitale Transformation von Geschäftsmodellen eine besondere Rolle, da Geschäftsmodelle unterschiedliche Elemente enthalten, die digital transformiert werden können.

Dieses *essential* basiert zum einen auf einem Kapitel des Buchs „Herausforderung Utility 4.0 – Wie sich die Energiewirtschaft im Zeitalter der Digitalisierung verändert", das 2017 im Verlag Springer Vieweg erschienen ist. In diesem Werk beleuchten vor dem Hintergrund des epochalen Übergangs von der analogen zur digitalen Energiewirtschaft renommierte Autoren aus Wissenschaft und Praxis in insgesamt 40 Kapiteln Kernfragen der digitalen Transformation im Energiesektor. Dabei belassen die Autoren es nicht bei der abstrakten Darstellung eines theoretischen Digitalisierungskonzepts für die Energiebranche. Vielmehr wird dem Leser ein umfassender Einblick in ausgewählte Konzepte, smarte Technologien und konkrete Geschäftsmodelle des digitalen Energiesystems von morgen angeboten.

Zum anderen basiert das *essential* auch auf der allgemeingültigen Beschreibung einer Roadmap zur Digitalen Transformation von Geschäftsmodellen aus dem Sammelband „Digitale Transformation von Geschäftsmodellen – Grundlagen, Instrumente und Best Practices", der im Dezember 2016 im Verlag Springer Gabler erschienen ist.

Bei dem vorliegenden *essential* handelt es sich um die vollständig überarbeitete und aktualisierte Version des Kapitels „Roadmap zur digitalen Transformation in der Energiewirtschaft: So gelingt der Wandel vom Versorger zum Utility 4.0-Anbieter" von Daniel Schallmo und Volker Herbort. Für die Veröffentlichung in der Reihe Springer *essentials* wurde die energiewirtschaftliche Konnotation des ursprünglichen Textes beibehalten.

Das vorliegende *essential* soll in kompakter, übersichtlicher Form zunächst in die Grundlagen des Leitbegriffs der *digitalen Transformation von Geschäftsmodellen* einführen. Darüber hinaus ist es das Bestreben der Autoren, dem interessierten Leser vor allem ein *praxistaugliches Vorgehensmodell* für diesen Veränderungsprozess im Geschäftsmodellkontext an die Hand zu geben. Insofern entspricht die detaillierte Vorstellung der fünf konstitutiven Phasen dieser Roadmap im zentralen dritten Hauptabschnitt dieses *essentials* diesem Anspruch.

Ulm, Deutschland

Ottobrunn, Deutschland
im März 2017

Daniel R.A. Schallmo
Volker Herbort
Oliver D. Doleski

Inhaltsverzeichnis

Über die Autoren

Prof. Dr. Daniel R.A. Schallmo ist Ökonom, Unternehmensberater, Dozent und Autor. Er ist Professor an der Hochschule Ulm und leitet das privatwirtschaftliche Institut für Business Model Innovation. Seine Forschungsschwerpunkte sind die digitale Transformation von Geschäftsmodellen und die Entwicklung bzw. Anwendung einer Methode zur Innovation von Geschäftsmodellen, vorwiegend in Business-to-Business-Märkten. Daniel Schallmo verfügt über mehrere Jahre Praxiserfahrung, die er in Unternehmen der verarbeitenden Industrie, des Handels, der Medien, der Unternehmensberatung und des Bauwesens gewonnen hat. Diese Praxiserfahrung bringt er in die Beratung ein und unterstützt dabei Unternehmen bei der Entwicklung und Implementierung neuer Geschäftsmodelle. Er ist in Bachelor- und Masterstudiengängen für die Themengebiete Strategie-, Geschäftsmodell-, Prozess- und Innovationsmanagement als Dozent tätig und war Gastprofessor an der Deutschen Universität in Kairo, Ägypten. Daniel Schallmo ist Herausgeber der Springer-Fachbuchreihe mit dem Schwerpunkt „Business Model Innovation" und des Open Journal of Business Model Innovation (OJBMI). Er ist Autor zahlreicher Publikationen und Mitglied in Forschungsgesellschaften (u. a. Academy of Marketing Science, American Marketing Association, European Marketing Academy).

Zudem ist er für wissenschaftliche Zeitschriften bzw. Forschungsgesellschaften als Gutachter tätig (z. B. Journal of Strategic Marketing, Business Process Management Journal, European Academy of Management, European Marketing Academy). Er ist Mitglied des wissenschaftlichen Beirats der International Society for Professional Innovation Management (ISPIM) und Mitglied des Herausgeberrats des Journal of Investment and Management (JIM).

Prof. Dr. Volker Herbort ist Professor für Wirtschaftsinformatik an der Hochschule Ulm. Nach einer Tätigkeit im Bereich der Energiedatenanalyse von PV-Anlagen beim Marktführer für Anlagenfernüberwachung promovierte er zum Thema Geschäftsmodellinnovation vor dem Hintergrund von Big Data Analytics. Herr Herbort forscht hauptsächlich im Bereich der Energiewirtschaft mit einem Schwerpunkt auf Energiedatenanalyse und lehrt u. a. im Studiengang „Internationale Energiewirtschaft".

Oliver D. Doleski ist branchenübergreifend tätiger Unternehmensberater und Gründer von Fiduiter Consulting. Nach wirtschaftswissenschaftlichem Universitätsstudium in München und verschiedenen leitenden Funktionen im öffentlichen Dienst sowie beim deutschen Weltmarktführer der Halbleiterindustrie widmet sich Oliver D. Doleski heute besonders den Themen digitale Transformation, Prozessmanagement und Smart Market. In diesem Zusammenhang liegt sein Forschungsschwerpunkt im Bereich der Geschäftsmodellentwicklung. Diese in Unternehmenspraxis und Forschung gewonnene Expertise lässt er als Herausgeber und Autor in zahlreiche Publikationen und Fachbücher einfließen. Als Mitglied energiewirtschaftlicher Fachkommissionen und Initiativen gestaltet Oliver D. Doleski den Wandel der Energiewirtschaft aktiv mit.

1 Einleitung

Das Thema der Geschäftsmodellinnovation hat in den letzten Jahren zunehmend Aufmerksamkeit erlangt. Daneben spielen technologische Potenziale, die eine Digitalisierung ermöglichen, eine immer größere Rolle. Produkte bestanden früher aus mechanischen und elektrischen Komponenten und stellen heute komplexe Systeme dar, die eine Verknüpfung von Hardware, Software und Datenspeichern ermöglichen – Produkte sind folglich intelligenter und vernetzter als zuvor (Porter und Heppelmann 2014, S. 36). Neben Produkten werden auch Dienstleistungen, Prozesse und Wertschöpfungsketten digitalisiert, was einerseits neue Geschäftsmodelle erfordert, aber auch ermöglicht (Porter und Heppelmann 2015, S. 58; Schallmo 2016a, S. 1).

Ein Beispiel sind die Stadtwerke Ulm (SWU), die wie auch andere Energieversorgungsunternehmen (EVU) ihren Kunden inzwischen die Möglichkeit bieten, statt eines gewöhnlichen, analogen Stromzählers einen modernen, intelligenten Zähler oder vielmehr digitalen Smart Meter einzubauen. Aufgrund der Möglichkeit einer Vernetzung des Smart Meters ist es dem Kunden hierdurch möglich, seine Verbräuche online einzusehen und dadurch bspw. energieintensive Geräte im eigenen Haushalt zu identifizieren. Auf der anderen Seite ermöglichen die Smart Meter den SWU, die Verbräuche direkt abzulesen, ohne dass eine manuelle Ablesung vor Ort stattfinden muss (Stadtwerke Ulm 2016).

Neben technologischen Potenzialen und der Veränderung der o. g. Bestandteile von Geschäftsmodellen spielen veränderte Kundenanforderungen eine große Rolle. So fordern Kunden heute statt einzelner, isolierter Produkte gewissermaßen „Rundum-sorglos-Pakete“ mit passenden Serviceleistungen von ihren Lieferanten und Dienstleistern gleichermaßen.

D.R.A. Schallmo et al., *Roadmap Utility 4.0*, essentials,
DOI 10.1007/978-3-658-17655-6_1

Werden nun technologische Potenziale genutzt, um Geschäftsmodelle und Wertschöpfungsketten zu verändern bzw. zu vernetzen und somit gestiegene Kundenanforderungen zu erfüllen und Leistungen effizienter zu erstellen, wird von einer digitalen Transformation gesprochen.

Die Zielsetzung des vorliegenden *essentials* ist es, zunächst die definitorischen Grundlagen für den Leitbegriff der *digitalen Transformation von Geschäftsmodellen* zu schaffen. Hierfür werden vorweg die relevanten Begriffe digitale Transformation, Geschäftsmodell und Geschäftsmodellinnovation aufgezeigt und synthetisiert. Darauf aufbauend wird dem Leser eine anwendungsorientierte Roadmap für die erfolgreiche digitale Transformation von Geschäftsmodellen vorgestellt und mittels ausgewählter Beispiele aus der Energiewirtschaft erläutert.

2 Grundlagen

Der folgende kurze Abschnitt schafft die konzeptionellen Grundlagen für die im Kap. 3 detaillierte Roadmap Utility 4.0. Dies geschieht dergestalt, dass dem Leser zunächst ausgewählte Definitionen der drei konstitutiven Begriffe *digitale Transformation* sowie *Geschäftsmodell* und *Geschäftsmodellinnovation* vorgestellt werden. Abschließend wird in Form einer Synthese vorgenannter Termini eine ganzheitliche Beschreibung des Leitbegriffs der *digitalen Transformation von Geschäftsmodellen* angeboten.

Digitale Transformation

Wie jedes sozio-ökonomische System so müssen sich auch Energiekonzerne, Regionalversorger und Stadtwerke stets den sich permanent wandelnden Rahmenbedingungen anpassen, so sie in fortwährend verändernden Märkten mittel- bis langfristig überleben wollen. Folgerichtig sind Energieversorgungsunternehmen im Allgemeinen nur dann zukunftsfähig, wenn es ihnen gelingt, sich nachhaltig geänderten Umfeldparametern anzupassen und bei Bedarf entlang der energiewirtschaftlichen Wertschöpfungskette marktadäquat so zu verändern, dass ihrem Leistungsangebot perspektivisch immer auch eine ausreichende Kundennachfrage gegenüberstehen wird.

Der grundlegende Begriff der digitalen Transformation ist in der einschlägigen Literatur bis dato noch nicht allgemeingültig definiert. Schallmo bietet in diesem Kontext nachfolgende Begriffsbestimmung an:

▶ **Definition 1: Digitale Transformation (Schallmo 2016a, S. 5; siehe auch Schallmo und Rusnjak 2016, S. 3)** Im Rahmen der digitalen Transformation sind die Vernetzung von Akteuren, wie z. B. Unternehmen und Kunden, über alle Wertschöpfungsstufen hinweg (BMWi 2015, S. 3; Bowersox et al. 2005, S. 22 f.; Bouée und Schaible 2015, S. 6) und unter Einsatz neuer Technologien (PwC 2013, S. 9;

D.R.A. Schallmo et al., *Roadmap Utility 4.0*, essentials,
DOI 10.1007/978-3-658-17655-6_2

Capgemini 2011, S. 5). wesentliche Bestandteile. Darauf aufbauend erfordert die digitale Transformation Fähigkeiten, die die Gewinnung und den Austausch von Daten sowie deren Analyse und Umwandlung in Informationen beinhalten. Diese Informationen sollen genutzt werden, um Optionen zu berechnen und zu bewerten, um somit Entscheidungen zu ermöglichen bzw. Aktivitäten zu initiieren[1]. Die digitale Transformation kann dabei für Unternehmen, Geschäftsmodelle, Prozesse, Beziehungen, Produkte etc. erfolgen (Bowersox et al. 2005, S. 22 f.; Mazzone 2014, S. 8), um die Leistung und Reichweite eines Unternehmens zu erhöhen (Capgemini 2011, S. 5).

Geschäftsmodell und Geschäftsmodellinnovation

Um die definitorische Grundlage für das vorliegende *essential* zu vervollständigen, werden nun, aufbauend auf bestehenden Analysen und Ausführungen, die Begriffe Geschäftsmodell und Geschäftsmodellinnovation erläutert.

▶ **Definition 2: Geschäftsmodell (Schallmo 2013, S. 22 f.)** Ein Geschäftsmodell ist die Grundlogik eines Unternehmens, die beschreibt, welcher Nutzen auf welche Weise für Kunden und Partner gestiftet wird. Ein Geschäftsmodell beantwortet die Frage, wie der gestiftete Nutzen in Form von Umsätzen an das Unternehmen zurückfließt. Der gestiftete Nutzen ermöglicht eine Differenzierung gegenüber Wettbewerbern, die Festigung von Kundenbeziehungen und die Erzielung eines Wettbewerbsvorteils. Ein Geschäftsmodell beinhaltet folgende Dimensionen und Elemente:

- **Kundendimension:** Sie beinhaltet die Kundensegmente, die Kundenkanäle und die Kundenbeziehungen.
- **Nutzendimension:** Sie beinhaltet die Leistungen und den Nutzen.
- **Wertschöpfungsdimension:** Sie beinhaltet die Ressourcen, die Fähigkeiten und die Prozesse.
- **Partnerdimension:** Sie beinhaltet die Partner, die Partnerkanäle und die Partnerbeziehungen.
- **Finanzdimension:** Sie beinhaltet die Umsätze und die Kosten.

Die Zielsetzung ist, die Geschäftsmodellelemente so miteinander zu kombinieren, dass sich diese Elemente gegenseitig verstärken. Somit ist es möglich, Wachstum zu erzielen und gegenüber Wettbewerbern schwer imitierbar zu sein.

[1]Vgl. BMWi (2015, S. 3), Bouée und Schaible (2015, S. 6).

Es zeigt sich, dass ein Geschäftsmodell die Elemente beinhaltet, die digital transformiert werden können und in den o. g. Definitionen enthalten sind (z. B. Produkte, Prozesse, Beziehungen).

Da es sich bei der digitalen Transformation um eine Veränderung bestehender bzw. Neuentwicklung von Unternehmen, Geschäftsmodellen, Produkten etc. handelt, betrachten wir ebenso die Definition zur Geschäftsmodellinnovation.

▶ **Definition 3: Geschäftsmodellinnovation (Schallmo 2013, S. 29)** Die Innovationsobjekte im Rahmen der Geschäftsmodellinnovation sind einzelne Geschäftsmodellelemente (z. B. Kundensegmente, Leistungen) bzw. das gesamte Geschäftsmodell. Der Innovationsgrad betrifft sowohl die inkrementelle (geringfügige) als auch die radikale (fundamentale) (Weiter-)Entwicklung eines Geschäftsmodells. Die Bezugseinheit zur Feststellung des Neuigkeitsgrades ist primär der Kunde, sie kann allerdings auch den Wettbewerb, die Industrie und das eigene Unternehmen betreffen. Die Geschäftsmodellinnovation erfolgt anhand eines Prozesses mit einer Abfolge von Aufgaben und Entscheidungen, die in logischem und zeitlichem Zusammenhang zueinanderstehen. Die Aufgaben dienen der Entwicklung, der Implementierung und der Vermarktung eines Geschäftsmodells. Die Zielsetzung ist, Geschäftsmodellelemente so zu kombinieren, dass für Kunden und für Partner auf eine neue Weise Nutzen gestiftet wird; so ist auch eine Differenzierung gegenüber Wettbewerbern möglich. Diese Differenzierung dient dazu, die Kundenbeziehungen zu festigen und einen Wettbewerbsvorteil aufzubauen. Eine weitere Zielsetzung ist, eine schwere Imitierbarkeit zu erreichen und dass sich die Geschäftsmodellelemente gegenseitig verstärken, um Wachstum zu generieren.

Digitale Transformation von Geschäftsmodellen

Aus den vorgenannten Definitionen lässt sich nunmehr das Phänomen der digitalen Transformation von Geschäftsmodellen wie folgt synthetisieren:

▶ **Definition 4: Digitale Transformation von Geschäftsmodellen (Schallmo 2016a, S. 7; Schallmo und Rusnjak 2016, S. 7)** Die digitale Transformation von Geschäftsmodellen betrifft einzelne Geschäftsmodellelemente, das gesamte Geschäftsmodell, Wertschöpfungsketten sowie unterschiedliche Akteure in einem Wertschöpfungsnetzwerk.

Der Grad der digitalen Transformation betrifft sowohl die inkrementelle (geringfügige) als auch die radikale (fundamentale) Veränderung eines Geschäftsmodells. Die Bezugseinheit im Hinblick auf den Neuigkeitsgrad ist primär der Kunde; sie kann allerdings auch das eigene Unternehmen, die Partner, die Industrie und Wettbewerber betreffen.

Innerhalb der digitalen Transformation von Geschäftsmodellen werden Enabler bzw. Technologien eingesetzt (z. B. Big Data), die neue Anwendungen bzw. Leistungen (z. B. Bedarfsvorhersagen) erzeugen. Diese Enabler erfordern Fähigkeiten, die die Gewinnung und den Austausch von Daten sowie deren Analyse und Nutzung zur Berechnung und Bewertung von Optionen ermöglichen. Die bewerteten Optionen dienen dazu, neue Prozesse innerhalb des Geschäftsmodells zu initiieren.

Die digitale Transformation von Geschäftsmodellen erfolgt im Rahmen einer Abfolge von Aufgaben und Entscheidungen, die in logischem und zeitlichem Zusammenhang zueinander stehen. Sie betrifft vier Zieldimensionen: Zeit, Finanzen, Raum und Qualität.

In Abb. 2.1 sind die Bestandteile der Definition des Begriffs „Digitale Transformation von Geschäftsmodellen" aufgezeigt.

Zieldimensionen: *WELCHE Zieldimensionen die Transformation betrifft:*
- Zeit: z.B. schnellere Bereitstellung von Leistungen, schnellere Produktion
- Finanzen: z.B. Kosteneinsparungen, Umsatzsteigerungen
- Raum: z.B. Vernetzung, Automatisierung
- Qualität: z.B. Produktqualität, Beziehungsqualität, Prozessqualität.

Vorgehen: *WIE die Transformation erfolgt:*
- Abfolge von Aufgaben und Entscheidungen, die in logischem und zeitlichem Zusammenhang zueinander stehen.
- Einsatz von Technologien/Enablern, um neue Anwendungen/Leistungen zu erzeugen.
- Gewinnung und Austausch von Daten sowie deren Analyse und Nutzung zur Berechnung von Optionen.

Grad: *WIE intensiv transformiert wird:*
- inkrementell (geringfügig)
- radikal (fundamental).

Bezugseinheit: *Für WEN die Transformation neu ist:*
- Kunden
- Eigenes Unternehmen
- Partner
- Industrie
- Wettbewerber.

Objekte: *WAS transformiert wird:*
- Einzelne Geschäftsmodell-Elemente (z.B. Prozesse, Kundenbeziehungen, Produkte)
- Gesamte Geschäftsmodelle
- Wertschöpfungsketten
- Wertschöpfungsnetzwerke.

Abb. 2.1 Bestandteile der Definition: Digitale Transformation von Geschäftsmodellen. (Schallmo 2016a, S. 8)

Roadmap für die digitale Transformation von Geschäftsmodellen

3

Auf Basis von Ansätzen zur digitalen Transformation (Schallmo 2016a, S. 15 ff.; Schallmo 2016b, S. 2; Schallmo und Rusnjak 2016, S. 38 und die dort angegebenen Quellen) sowie bestehender Ansätze zur Innovation von Geschäftsmodellen (Bucherer 2010, S. 63 ff.; Rusnjak 2014, S. 109 ff.; Schallmo 2013, S. 47 ff.; Schallmo 2014, S. 52 ff.; Schallmo 2015, S. 5 ff.; Wirtz und Thomas 2014, S. 37 ff.) erfolgt anschließend die Darstellung eines anwendungsorientierten Vorgehens – einer praxistauglichen *Roadmap* – zur digitalen Transformation klassischer Energieversorgungsunternehmen und deren Geschäftsmodellen auf das Evolutionsniveau von Utility 4.0.[1]

3.1 Überblick zur Roadmap für die digitale Transformation von Geschäftsmodellen

Die Roadmap für die digitale Transformation von Geschäftsmodellen besteht aus insgesamt fünf Phasen, die nachfolgend kurz erläutert sind (Schallmo 2016a, S. 21).

Phase I: Digitale Realität
In dieser Phase erfolgt das Skizzieren des bestehenden Geschäftsmodells eines Unternehmens, die Analyse der Wertschöpfungskette mit dazugehörigen Akteuren und das Erheben von Kundenanforderungen. Somit liegt ein Verständnis zur digitalen Realität in unterschiedlichen Bereichen vor.

[1]Zur Diskussion der Evolution von Utility 1.0 bis Utility 4.0 siehe ausführlich Doleski (2016, S. 13 ff.).

D.R.A. Schallmo et al., *Roadmap Utility 4.0*, essentials,
DOI 10.1007/978-3-658-17655-6_3

Phase II: Digitale Ambition

Auf Basis der digitalen Realität werden die Ziele im Hinblick auf die digitale Transformation festgelegt. Diese Ziele beziehen sich auf die Zeit, die Finanzen, den Raum und die Qualität. Die digitale Ambition sagt aus, welche Ziele für das Geschäftsmodell und dessen Elemente gelten. Anschließend werden die Ziele und Geschäftsmodelldimensionen priorisiert.

Phase III: Digitale Potenziale

In dieser Phase werden Best Practices und Enabler für die digitale Transformation erhoben, die als Ausgangspunkt für das Design des zukünftigen digitalen Geschäftsmodells dienen. Hierfür werden je Geschäftsmodellelement unterschiedliche Optionen abgeleitet und logisch miteinander kombiniert.

Phase IV: Digitaler Fit

Die Optionen für die Ausgestaltung des digitalen Geschäftsmodells werden bewertet. Hierbei spielen der Fit mit dem bestehenden Geschäftsmodell, die Erfüllung von Kundenanforderungen und das Erreichen von Zielen eine Rolle. Die bewerteten Kombinationen können somit priorisiert werden.

Phase V: Digitale Implementierung

Im Rahmen der digitalen Implementierung erfolgen das Finalisieren und das Implementieren des digitalen Geschäftsmodells, also der Kombination an Optionen, die weiterverfolgt werden sollen. Die digitale Implementierung enthält ebenso das Gestalten der digitalen Kundenerfahrung und des digitalen Wertschöpfungsnetzwerks mit der Integration der Partner. Ferner werden Ressourcen und Fähigkeiten berücksichtigt, die zur digitalen Implementierung notwendig sind.

Abb. 3.1 stellt die Roadmap zur digitalen Transformation von Geschäftsmodellen mit Phasen und Aktivitäten dar. Die vorgestellten Phasen werden im Folgenden jeweils mit Zielsetzung und Fragen erläutert. Anschließend werden die Aktivitäten jeweils mit den Techniken aufgezeigt. Ausgewählte Aktivitäten werden anhand eines Beispiels erläutert, das nachfolgend kurz beschrieben ist.

Die Alliander AG: Strom- und Gasnetzbetreiber (Alliander AG 2016)

Die Alliander AG betreibt Strom- und Gasnetze sowie öffentliche Beleuchtung und Lichtsignalanlagen. Im Jahr 2012 hat Alliander das erste Smart Grid in Betrieb genommen. Hierzu wurden Verteilstationen und Mittelspannungsnetze digitalisiert und Smart Meter in etwa 10.000 Haushalten installiert.

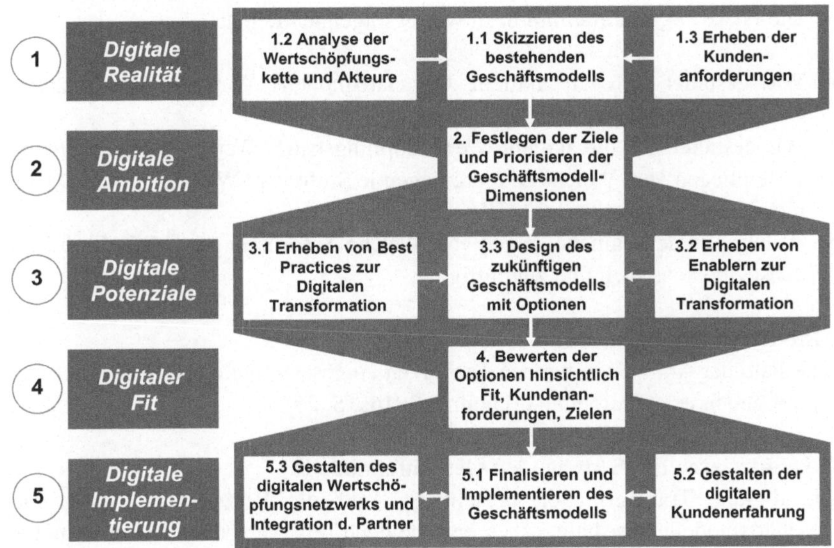

Abb. 3.1 Roadmap zur digitalen Transformation von Geschäftsmodellen. (Schallmo 2016a, S. 23)

Aufgrund der Erfahrungen aus diesem Projekt bietet Alliander heute Produkte und Dienstleistungen in den Bereichen Smart Grid, Smart Home und Smart City inkl. Infrastruktur für Elektromobilität an. Beispielsweise werden im Bereich der öffentlichen Beleuchtung, je nach Verkehrsaufkommen, mithilfe von Dimmern unterschiedliche Helligkeiten gewählt. Auf diese Weise können Kommunen Energie sparen und somit ihre Kosten senken.

3.2 Phase I: Digitale Realität

Die Roadmap für die digitale Transformation von Geschäftsmodellen startet mit der eingehenden Betrachtung der digitalen Realität.

Zielsetzung und Fragen

Das Ziel dieser Phase ist das Gewinnen einer Kenntnis über die *digitale Realität.* Hierfür werden das bestehende Geschäftsmodell des Unternehmens skizziert (I.1), die Wertschöpfungskette und die Akteure innerhalb der Industrie analysiert (I.2) und die relevanten Kundenanforderungen erhoben (I.3) (Schallmo 2016a, S. 24).

Die Phase *Digitale Realität* beantwortet folgende Fragen:

- Wie gestaltet sich das aktuelle Geschäftsmodell? Wie sind die einzelnen Geschäftsmodelldimensionen ausgeprägt?
- Wie gestaltet sich die aktuelle Wertschöpfungskette? Welche Wertschöpfungsstufen liegen vor? Welche Akteure liegen je Stufe vor? Wie sind diese Akteure miteinander vernetzt?
- Welche Kundensegmente liegen vor? Welche Anforderungen haben diese Kundensegmente aktuell und zukünftig?

Aktivitäten mit Techniken

Innerhalb der Aktivitäten werden Techniken eingesetzt, die dazu dienen, notwendige Ergebnisse zu erarbeiten (Schallmo 2016a, S. 25).

(I.1) Skizzieren des bestehenden Geschäftsmodells

Die digitale Transformation bezieht sich auf die Veränderung bestehender Geschäftsmodelle. Deshalb ist es entscheidend, ein Verständnis vom aktuellen Geschäftsmodell aufzubauen. Mithilfe eines einheitlichen Rasters erfolgt dabei die Beschreibung des bestehenden Geschäftsmodells anhand von fünf Dimensionen und 13 Elementen (Schallmo 2013, S. 119 und 139 f.).

Die Dimensionen von Geschäftsmodellen lassen sich wie folgt erläutern (Schallmo 2013, S. 118 f.):

- **Kundendimension:** Welche Kundensegmente sollen mit dem Geschäftsmodell erreicht werden? Mittels welcher Kundenkanäle sollen die Kundensegmente erreicht werden? Wie soll die Beziehung zu Kundensegmenten ausgestaltet werden?
- **Nutzendimension:** Welcher Nutzen soll durch welche Leistungen für Kundensegmente gestiftet werden?
- **Wertschöpfungsdimension:** Welche Ressourcen und Fähigkeiten sind notwendig, um die Leistungen zu erstellen und das Geschäftsmodell zu betreiben? Welche Prozesse sollen ausgeführt werden?
- **Partnerdimension:** Welche Partner sind für das Geschäftsmodell notwendig? Mittels welcher Partnerkanäle soll mit den Partnern kommuniziert werden und wie sollen die Leistungen beschafft werden? Welche Beziehung soll zu den jeweiligen Partnern vorliegen?
- **Finanzdimension:** Welche Umsätze werden mit den Leistungen erzielt? Welche Kosten werden durch das Geschäftsmodell verursacht? Welche Mechanismen sollen jeweils für Umsätze und Kosten zum Einsatz kommen?

Abb. 3.2 stellt die Geschäftsmodelldimensionen und -elemente dar, um Geschäftsmodelle vollständig und einheitlich zu beschreiben; zudem können die Zusammenhänge der Geschäftsmodellelemente skizziert werden.[2] Das Beispiel bezieht sich auf einen typischen Energieversorger.

(I.2) Analyse der Wertschöpfungskette und der Akteure

Diese Aktivität dient dazu, ein Verständnis für Industrie und Digitalisierungsgrad aufzubauen. Hierzu werden die Stufen der Wertschöpfungskette der Industrie aufgeführt. Anschließend werden die relevanten Akteure jeder Wertschöpfungsstufe mit ihrem Geschäftsmodell skizziert (Hitt et al. 2008, S. 24; Grant 2005, S. 123; Gadiesh und Gilbert 1998, S. 149; Schallmo 2013, S. 182 f.). Darauf aufbauend wird jeweils anhand einheitlicher Kriterien (z. B. Einsatz von Technologien, Vernetzung untereinander) der Digitalisierungsgrad der Wertschöpfungsstufe und der Akteure ermittelt und in einem Diagramm abgebildet. Der Digitalisierungsgrad und die damit verbundene Veränderung von Geschäftsmodellen variiert je nach Industrie, was in unterschiedlichen Studien analysiert wurde (KPMG 2013, S. 9; Bouée und Schaible 2015, S. 27 ff.; Geissbauer et al. 2014, S. 3). Anhand der Analyse der Wertschöpfungskette und der Akteure ist es auf einen Blick möglich, attraktive Wertschöpfungsstufen und potenzielle Partner zu identifizieren. In Abb. 3.3 sind die Wertschöpfungsstufen, Akteure und der jeweilige Digitalisierungsgrad dargestellt.

(I.3) Erheben der Kundenanforderungen

Um Kundenanforderungen zu erheben, erfolgt die Erstellung eines Kundenprofils (bzw. eines Nutzerprofils) anhand von Kriterien (Plattner et al. 2009, S. 167; Curedale 2013, S. 224; Gray et al. 2010, S. 65 f.). Das Kundenprofil wird üblicherweise im Business-to-Consumer-Bereich eingesetzt, kann aber auch im Business-to-Business-Bereich eingesetzt werden, um Personengruppen (z. B. Einkäufer, Produktionsleiter) oder Unternehmen in Form einer Person zu beschreiben. In Abb. 3.4 ist das Profil eines Privatkunden und eines Energieversorgers exemplarisch dargestellt.

Insbesondere bei der Beschreibung einer notwendigen Lösung ist es entscheidend, die Anforderungen anhand der folgenden Nutzenkategorien abzuleiten (Schallmo 2013, S. 129 f.):

- **Funktionaler Nutzen:** entsteht aus Basisfunktionen des Produkts und der Dienstleistung und ist mit dessen Verwendung verbunden.

[2] Zur detaillierten Beschreibung von Geschäftsmodellelementen siehe Schallmo (2013, S. 117 ff.).

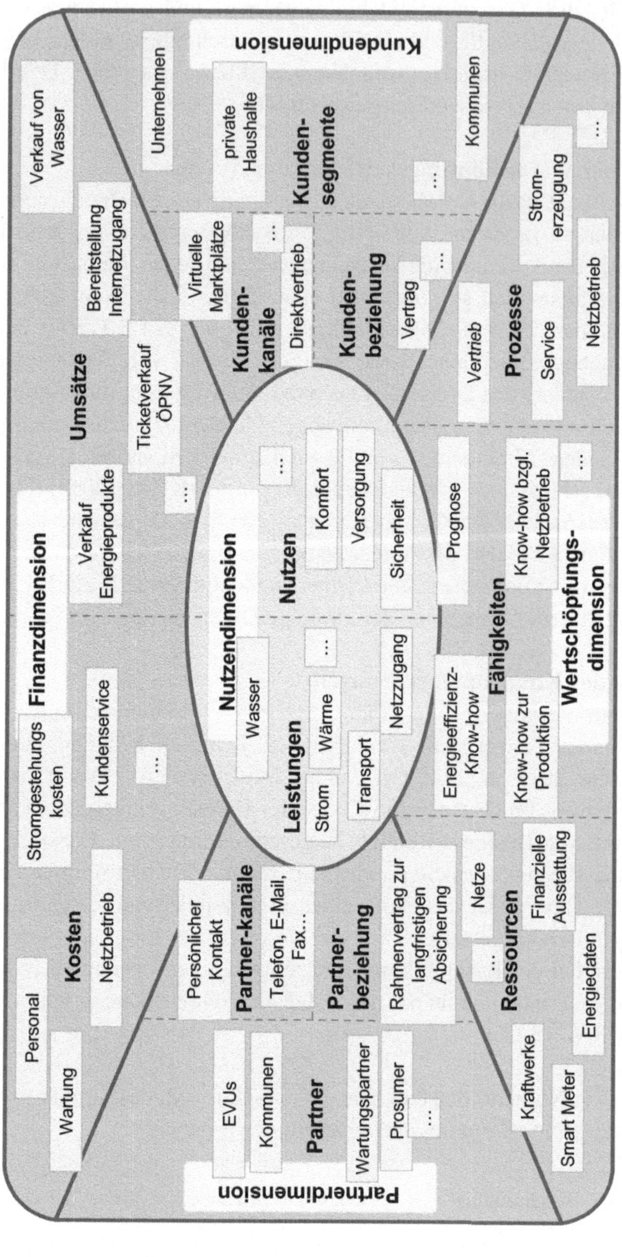

Abb. 3.2 Raster zur Beschreibung von Geschäftsmodellen anhand eines Energieversorgers; in Anlehnung an Schallmo (2013, S. 119)

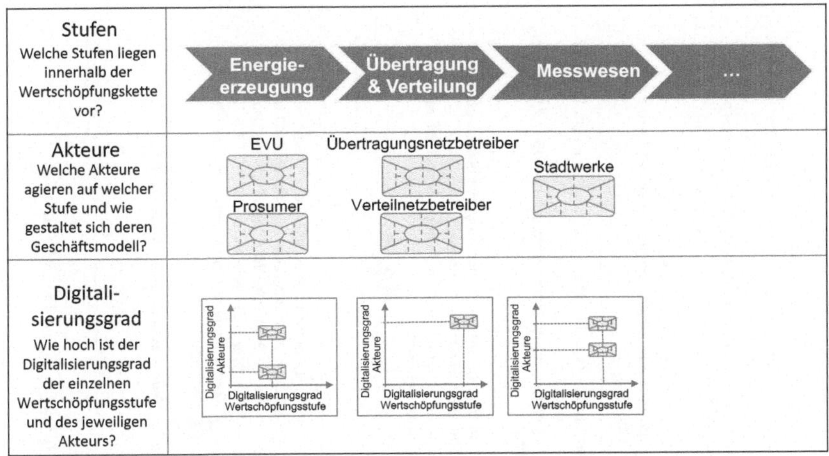

Abb. 3.3 Wertschöpfungsstufen, Akteure und Digitalisierungsgrad der Energiewirtschaft; in Anlehnung an Schallmo (2016a, S. 27)

- **Ökonomischer Nutzen:** entsteht aus den unmittelbaren Produkt- und Dienstleistungseigenschaften (z. B. Kostenersparnis, Risikoreduktion).
- **Prozessbezogener Nutzen:** entsteht durch einfache Beschaffung/Nutzung (z. B. Zeitersparnis).
- **Emotionaler Nutzen:** entsteht durch positive Gefühle durch Nutzung des Produkts/der Dienstleistung (z. B. Marke).
- **Sozialer Nutzen:** entsteht durch soziale Anerkennung bei der Nutzung des Produkts/der Dienstleistung.

3.3 Phase II: Digitale Ambition

Auf Basis der digitalen Realität werden in der zweiten Phase der Roadmap die Ziele im Hinblick auf die digitale Transformation festgelegt und anschließend die Geschäftsmodelldimension priorisiert.

Zielsetzung und Fragen

Das Ziel dieser Phase ist das Entwickeln einer *digitalen Ambition* für das Geschäftsmodell. Hierfür werden die Ziele im Hinblick auf die digitale Transformation festgelegt und relevante Geschäftsmodelldimensionen priorisiert (Schallmo 2016a, S. 28).

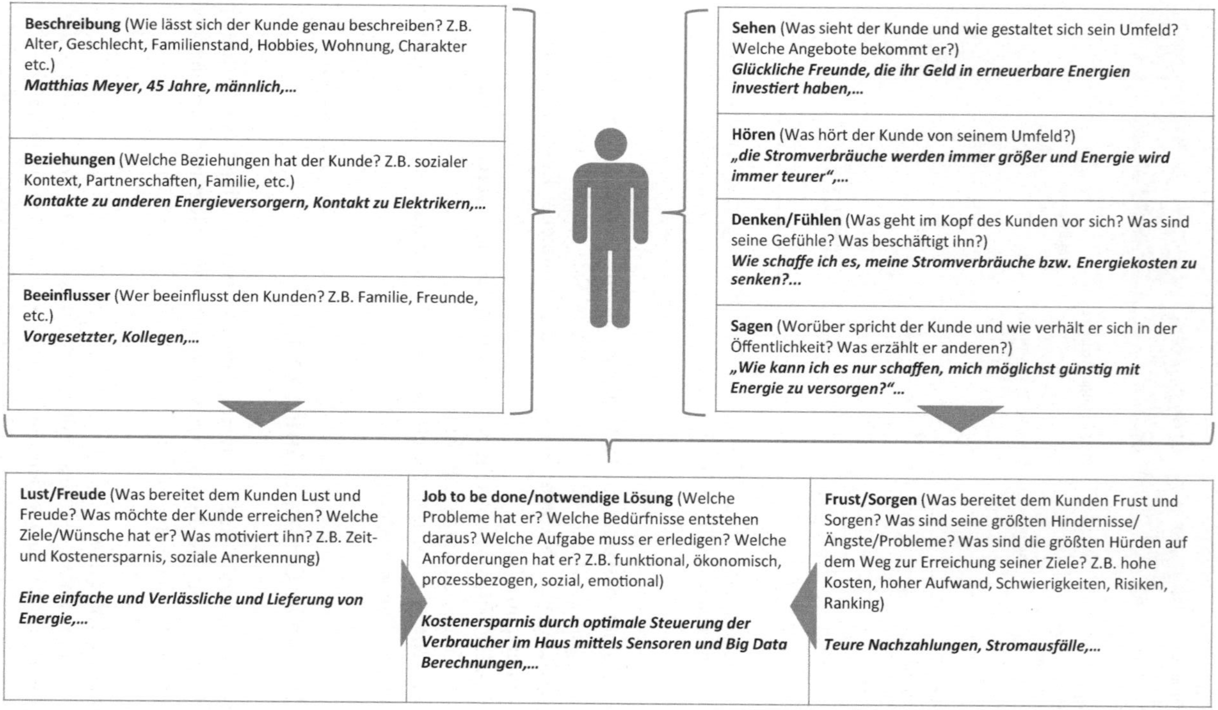

Beschreibung (Wie lässt sich der Kunde genau beschreiben? Z.B. Alter, Geschlecht, Familienstand, Hobbies, Wohnung, Charakter etc.)
Matthias Meyer, 45 Jahre, männlich,...

Beziehungen (Welche Beziehungen hat der Kunde? Z.B. sozialer Kontext, Partnerschaften, Familie, etc.)
Kontakte zu anderen Energieversorgern, Kontakt zu Elektrikern,...

Beeinflusser (Wer beeinflusst den Kunden? Z.B. Familie, Freunde, etc.)
Vorgesetzter, Kollegen,...

Sehen (Was sieht der Kunde und wie gestaltet sich sein Umfeld? Welche Angebote bekommt er?)
Glückliche Freunde, die ihr Geld in erneuerbare Energien investiert haben,...

Hören (Was hört der Kunde von seinem Umfeld?)
„die Stromverbräuche werden immer größer und Energie wird immer teurer",...

Denken/Fühlen (Was geht im Kopf des Kunden vor sich? Was sind seine Gefühle? Was beschäftigt ihn?)
Wie schaffe ich es, meine Stromverbräuche bzw. Energiekosten zu senken?...

Sagen (Worüber spricht der Kunde und wie verhält er sich in der Öffentlichkeit? Was erzählt er anderen?)
„Wie kann ich es nur schaffen, mich möglichst günstig mit Energie zu versorgen?"...

Lust/Freude (Was bereitet dem Kunden Lust und Freude? Was möchte der Kunde erreichen? Welche Ziele/Wünsche hat er? Was motiviert ihn? Z.B. Zeit- und Kostenersparnis, soziale Anerkennung)

Eine einfache und Verlässliche und Lieferung von Energie,...

Job to be done/notwendige Lösung (Welche Probleme hat er? Welche Bedürfnisse entstehen daraus? Welche Aufgabe muss er erledigen? Welche Anforderungen hat er? Z.B. funktional, ökonomisch, prozessbezogen, sozial, emotional)

Kostenersparnis durch optimale Steuerung der Verbraucher im Haus mittels Sensoren und Big Data Berechnungen,...

Frust/Sorgen (Was bereitet dem Kunden Frust und Sorgen? Was sind seine größten Hindernisse/Ängste/Probleme? Was sind die größten Hürden auf dem Weg zur Erreichung seiner Ziele? Z.B. hohe Kosten, hoher Aufwand, Schwierigkeiten, Risiken, Ranking)

Teure Nachzahlungen, Stromausfälle,...

Abb. 3.4 Kundenprofil mit Kundenanforderungen aus der Energiewirtschaft; in Anlehnung an Schallmo (2016a, S. 28)

Die Phase *Digitale Ambition* beantwortet folgende Fragen:

- Welche Ziele liegen im Hinblick auf die digitale Transformation je Kategorie (Zeit, Finanzen, Raum, Qualität) vor?
- Wie können diese Ziele je Geschäftsmodelldimension priorisiert werden?

Aktivitäten mit Techniken
Für die Phase Digitale Ambition liegt eine Aktivität vor, die nachfolgend mit der dazugehörigen Technik beschrieben ist (ebd., S. 29).

(II.) Festlegen der Ziele und Priorisieren der Geschäftsmodelldimensionen
Für das bestehende Geschäftsmodell und enthaltene Geschäftsmodellelemente werden anhand von vier Kategorien Ziele abgeleitet. Zu den Kategorien gehören

- die Zeit,
- die Finanzen,
- der Raum und
- die Qualität.[3]

Mittels der Kategorie Zeit lassen sich Ziele ableiten, die sich auf die zeitlichen Aspekte des Geschäftsmodells beziehen (z. B. schnellere Bereitstellung von Leistungen, schnellere Produktion etc.).

Innerhalb der Kategorie Finanzen lassen sich Ziele ableiten, die sich auf die finanziellen Aspekte des Geschäftsmodells beziehen (z. B. Kosteneinsparungen, Umsatzsteigerungen etc.).

Mittels der Kategorie Raum können Ziele abgeleitet werden, die die räumlichen Aspekte des Geschäftsmodells berücksichtigen (z. B. Vernetzung, Automatisierung etc.).

Die Kategorie Qualität enthält Ziele, die sich auf die qualitativen Aspekte des Geschäftsmodells beziehen (Produktqualität, Beziehungsqualität, Prozessqualität etc.).

Beispiel
Tab. 3.1 zeigt die Zielkategorien mit Zielen je Geschäftsmodellelement beispielhaft auf.

[3]In Anlehnung an: Österle (1995, S. 109 f.), Schallmo (2013, S. 194), Kreutzer und Land (2013, S. 48).

Tab. 3.1 Zielkategorien mit Zielen je Geschäftsmodellelement

Kategorie	Ziele, bezogen auf Geschäftsmodellelemente
Zeit	• Reaktion auf Störungen innerhalb von 6 h • …
Finanzen	• Reduktion der Energieerzeugungskosten um 30 % • Erhöhung des ÖPNV-Umsatzes auf 35 % • …
Raum	• Automatische Übermittlung von Verbrauchsdaten • Ortsunabhängige Versorgung von Kunden • …
Qualität	• Mehr Komfort durch Hausautomation • Verbesserung des Kundenerlebnisses • …

Die vorgestellten Kategorien dienen dazu, alle relevanten Aspekte zu berücksichtigen, also sich z. B. nicht nur auf zeitliche Aspekte zu beschränken. Die abgeleiteten Ziele können mehrere Kategorien betreffen und sich somit überschneiden. Aus diesem Grund werden die Ziele anschließend priorisiert. Daraus ergibt sich dann eine Priorisierung der Geschäftsmodelldimensionen, die bearbeitet werden sollen.

3.4 Phase III: Digitale Potenziale

In der dritten Phase der Roadmap für die digitale Transformation von Geschäftsmodellen werden die Potenziale für wirtschaftliches Handeln von Unternehmen identifiziert.

Zielsetzung und Fragen

Das Ziel dieser Phase ist das Identifizieren der digitalen Potenziale für das Geschäftsmodell. Hierbei werden Best Practices (III.1) und Enabler (III.2) zur digitalen Transformation erhoben und anschließend Optionen des zukünftigen digitalen Geschäftsmodells abgeleitet (III.3) (Schallmo 2016a, S. 30).

Die Phase Digitale Potenziale beantwortet folgende Fragen:

- Welche Best Practices liegen innerhalb und außerhalb der eigenen Industrie vor? Welche Ausgangssituation, Problemstellung, Zielsetzung, Vorgehensweise und Ergebnisse liegen jeweils vor?

- Welche Enabler liegen für die digitale Transformation vor? Wie lassen sich diese Enabler den folgenden vier Kategorien zuordnen: digitale Daten, Automatisierung, Vernetzung, digitaler Kundenzugang?
- Wie soll das zukünftige digitale Geschäftsmodell gestaltet werden? Welche Optionen liegen vor?

Aktivitäten mit Techniken

Im Rahmen der Aktivitäten werden Techniken eingesetzt, um zielgerichtet Ergebnisse zu erarbeiten (ebd., S. 31).

(III.1) Erheben von Best Practices zur digitalen Transformation

Um Ideen für die digitale Transformation des Geschäftsmodells zu gewinnen, werden Best Practices aus der eigenen und aus fremden Industrien gewonnen und beschrieben (Bucherer 2010, S. 77; Giesen et al. 2007, S. 32; Schallmo 2013, S. 185).

Eine Reihe von Best Practices für die digitale Transformation findet sich in der bestehenden Literatur wieder (Brand et al. 2009; Bouée und Schaible 2015, S. 9 ff.; Botthof und Bovenschulte 2009, S. 15 ff.; Hoffmeister 2015; Jahn und Pfeiffer 2014, S. 81 ff.; Bauernhansl und Emmrich 2015, S. 24). Aktuell im Energiemarkt vorhandene digitale Geschäftsmodelle sind in Tab. 3.2 exemplarisch dargestellt.

Des Weiteren lassen sich z. B. in der Energiewertschöpfungskette die in Abb. 3.5 dargestellten Digitalisierungspotenziale beschreiben (Schwieters et al. 2016, S. 14).

(III.2) Erheben von Enablern zur digitalen Transformation

Enabler dienen dazu, Anwendungen bzw. Leistungen zu ermöglichen, die zur digitalen Transformation des Geschäftsmodells dienen.

Für Enabler und Anwendungen/Leistungen liegen vier Kategorien vor, die nachfolgend erläutert sind:[4]

- **Digitale Daten:** Die Erfassung, Verarbeitung und Auswertung digitalisierter Daten z. B. durch Verwendung von Smart Meters ermöglichen es, bessere Verbrauchsvorhersagen und Entscheidungen zu treffen.
- **Automatisierung:** Die Kombination von klassischen Technologien mit künstlicher Intelligenz ermöglicht den Aufbau von autonom arbeitenden, sich selbst

[4]In Anlehnung an: Bouée und Schaible (2015, S. 19 f.).

Tab. 3.2 Beispiele innovativer Geschäftsmodelle. (Edelmann 2015)

Unternehmen	Geschäftsmodellbeschreibung
Next Kraftwerke	• Bündelung dezentraler Erzeugungsanlagen (Wind/PV/Biogasanlagen/KWK-Anlagen/Notstromaggregate): • Next Pool: 1539 MW • Lastmanagement und Integration von Industrieprozessen und -anlagen • Vermarktung der Energie an der EEX • Angebot von Regelenergie: präqualifiziert für tertiäre und sekundäre Regelenergie
Statkraft	• Erster Anbieter tertiärer Regelenergie durch Windkraft • Direktvermarkter von erneuerbaren Energien mit einem Portfolio von 8900 MW • Entwicklung und Management von erneuerbaren Energien (Windkraft, Wasserkraft, Fernwärme)
Beegy	• Lernende Fotovoltaikanlage, um den dezentral erzeugten Solarstrom bestmöglich selbst zu verbrauchen • Die intelligente Software stellt sicher, dass die Nutzungstipps während des Betriebs der Anlage immer genauer werden • Komplettangebot von der Planung über die Installation bis hin zur Wartung der Anlage
Stadtwerke Aalen/Techem	• Mieterstrommodell • Die Stadtwerke bieten in Kooperation mit Techem Direktstrom aus Kraft-Wärme-Kopplung an • Der Strom wird dort verbraucht, wo die Erzeugung stattfindet und im Idealfall keine Netznutzungsentgelte anfallen

organisierenden Systemen. Auf diese Weise lässt sich durch den Einsatz intelligenter Speichersysteme der Eigenverbrauch von PV-Energie erhöhen.

- **Digitaler Kundenzugang:** Das (mobile) Internet ermöglicht den direkten Zugang zum Kunden, der dadurch eine hohe Transparenz über eigene Verbräuche, Tarife und neue Dienstleistungen erhält.
- **Vernetzung:** Die mobile oder leitungsgebundene Vernetzung der gesamten Infrastruktur über hochbreitbandige Telekommunikation ermöglicht eine optimierte Auslastung von Versorgungsnetzen und Kraftwerken was zu einer höheren Netzstabilität führt.

Die Enabler werden mit ihren Anwendungen/Leistungen in einem Digitalradar aufgeführt, was in Abb. 3.6 dargestellt ist.

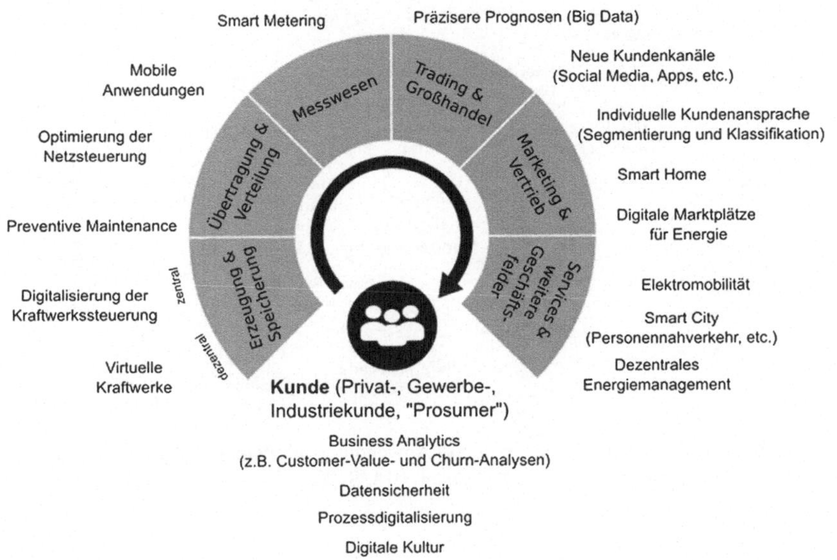

Abb. 3.5 Digitalisierungspotenziale in der Energie-Wertschöpfungskette. (Schwieters et al. 2016, S. 14)

Das Digitalradar wird bei Bedarf um weitere Enabler und Anwendungen/Leistungen ergänzt.

Mittels des Erhebens von Enablern zur digitalen Transformation ist es möglich, das Geschäftsmodell, die digitale Kundenerfahrung und das digitale Wertschöpfungsnetz zu gestalten bzw. festzulegen, welche Enabler im Rahmen des Wertschöpfungsnetzwerks zum Einsatz kommen.[5]

(III.3) Design der Optionen des zukünftigen digitalen Geschäftsmodells

Auf Basis der Best Practices und der Enabler, die erhoben wurden, werden nun Optionen für die zukünftige Ausgestaltung der einzelnen Geschäftsmodellelemente abgeleitet. Hierbei ist es entscheidend, zunächst alle Optionen aufzulisten, ohne eine Bewertung vorzunehmen. Die beiden Kernfragen sind dabei:

[5]Siehe zur Analyse technologischer Trends auch: Schallmo und Brecht (2014, S. 118 ff.).

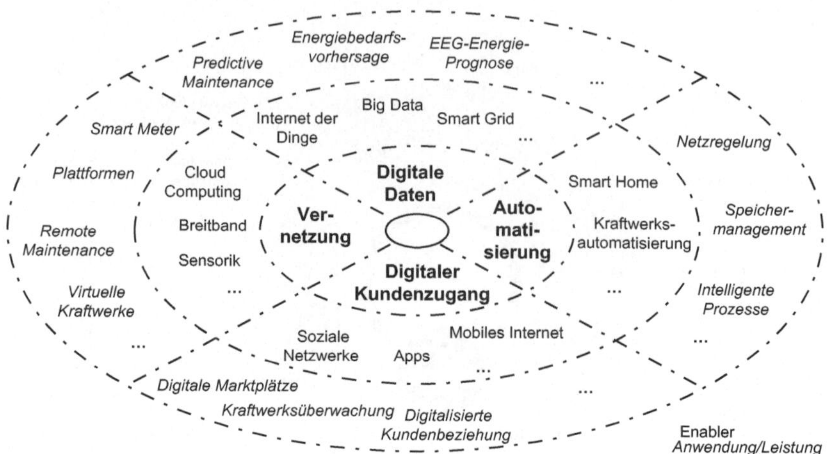

Abb. 3.6 Digitalradar mit Kategorien und Anwendungen/Leistungen für die Energiewirtschaft; in Anlehnung an Bouée und Schaible (2015, S. 20)

- Welche Geschäftsmodellelemente sollen in welcher Form digitalisiert werden? Benchmarks zu Verbrauchsdaten könnten z. B. über eine Plattform bereitgestellt werden.
- Wie können Enabler aus dem Digitalradar eingesetzt werden, um Geschäftsmodellelemente zu verbessern? Die Optimierung des Netzbetriebs bzw. die Vorhersage von Verbrauchsspitzen könnte z. B. mittels Big Data ermöglicht werden.

In Abb. 3.7 ist der Optionenraum für das zukünftige digitale Geschäftsmodell mit exemplarischen Ausprägungen für ein Stadtwerk dargestellt.

Die Gestaltung der Optionen für das zukünftige Geschäftsmodell orientiert sich dabei an den abgeleiteten Zielen. Die abgeleiteten Optionen für das Geschäftsmodell sollen dabei ebenfalls die Kundenanforderungen und die Wertschöpfungskette mit Akteuren berücksichtigen und somit Ideen für die Gestaltung der digitalen Kundenerfahrung und des digitalen Wertschöpfungsnetzwerks ableiten.

Im Rahmen des Designs der Optionen für das zukünftige Geschäftsmodell können neben den Best Practices und Enablern zusätzlich grundlegende digitale Geschäftsmodellmuster herangezogen werden (Hoffmeister 2013, S. 17 ff.; Hoffmeister 2015, S. 120 ff.; Esser 2014).

Geschäftsmodell-Dimension	Geschäftsmodell-Element	Optionen		
Kunden-dimension	**Kundensegmente**	*Bestehende Verbraucher*	*Neue Verbraucher*	*Wettbewerber*
	Kundenkanäle	*Einsatz von Cloud Computing*	*Mobile Apps zur Datenübermittlung*	...
	Kunden-beziehungen	*Rahmenvertrag zur optimierten Energieversorgung*	*Beteiligung an Ersparnis*	*Übernahme von Risiken für Kunden*
Nutzen-dimension	**Leistungen**	*Bereitstellung von Verbrauchsdaten*	*Plattform mit Benchmarks und Optimierungsvorschlägen*	...
	Nutzen	*Reduktion des Energie-verbrauchs*	*Kostenersparnis*	*Erkennung von Stromfressern*
Wertschöpfungs-dimension	**Ressourcen**	*Smart Home bei Kunden*	*Smart Meter*	*Plattform mit Vergleichsdaten*
	Fähigkeiten	*Knowhow zur Datenauswertung*	*Übermittlung von Verbrauchsdaten*	*Knowhow zur Vernetzung einzelner Komponenten*
	Prozesse	*Ermittlung und Auswertung von Verbrauchsdaten*	*Automatisches Ablesen*	...
Partner-dimension	**Partner**	*Data Analytics Experten*	*Datennetzbetreiber*	*Datenspezialist*
	Partnerkanäle	*Plattform*	...	...
	Partnerbeziehungen	...	...	
Finanz-dimension	**Umsätze**	...	...	
	Kosten	...	...	...

Abb. 3.7 Optionenraum für das zukünftige digitale Geschäftsmodell eines Versorgers; in Anlehnung an Schallmo (2016a, S. 35)

3.5 Phase IV: Digitaler Fit

Die vierte Roadmap-Phase dient im Wesentlichen der Bewertung des digitalen Fits eines Geschäftsmodells. Abgeleitet vom etablierten Konzept des sogenannten „Strategic Fit" wird – diesem ähnlich – auch beim *Digitalen Fit* die konzeptionelle Vereinbarkeit digitaler Initiativen und Ansätze mit dem Geschäftsmodell oder auch Unternehmen betrachtet.

Zielsetzung und Fragen

Das Ziel innerhalb dieser Phase ist es, den Fit oder mit anderen Worten die grundsätzliche Passung des digitalen Geschäftsmodells zu evaluieren. Dabei werden adäquate Kombinationen von Optionen festgelegt und in das bestehende Geschäftsmodell integriert (IV.1). Anschließend werden die Kombinationen hinsichtlich des Geschäftsmodell-Fits, der Erfüllung von Kundenanforderungen und der Erreichung von Zielen bewertet (IV.2) (Schallmo 2016a, S. 35 f.).

Die Phase *Digitaler Fit* beantwortet folgende Fragen:

- Welche kohärenten Kombinationen liegen innerhalb des Optionenraums vor?
- Wie lassen sich die Kombinationen hinsichtlich des Fits mit dem bestehenden Geschäftsmodell bewerten?
- Wie lassen sich die Kombinationen hinsichtlich des Fits mit der Erfüllung von Kundenanforderungen bewerten?
- Wie lassen sich die Kombinationen hinsichtlich des Fits mit den Zielen der digitalen Transformation bewerten?

Aktivitäten mit Techniken

Im Rahmen der Aktivitäten werden Techniken eingesetzt, um zielgerichtet Ergebnisse zu erarbeiten (ebd., S. 36).

(IV.1) Festlegen von Kombinationen der Optionen

Für die abgeleiteten Optionen werden nun passende Kombinationen festgelegt, d. h. dass die Optionen kongruent zueinander sein müssen. Die jeweilige Kombination der Optionen wird anschließend in das bestehende Geschäftsmodell integriert.

(IV.2) Bewerten der Kombinationen

Das Bewerten der Kombinationen erfolgt hinsichtlich des Geschäftsmodell-Fits, der Erfüllung von Kundenanforderungen und der Erreichung von Zielen.

Kriterien zum Fit mit dem bestehenden Geschäftsmodell:

- Wie passt die Kombination der Option zu den bestehenden Elementen der Kundendimension?
- Wie passt die Kombination der Option zu den bestehenden Elementen der Nutzendimension?
- Wie passt die Kombination der Option zu den bestehenden Elementen der Wertschöpfungsdimension?
- Wie passt die Kombination der Option zu den bestehenden Elementen des Fits mit der bestehenden Partnerdimension?
- Wie passt die Kombination der Option zu den bestehenden Elementen der Finanzdimension?

Kriterien zur Erfüllung von Kundenanforderungen:

- Wie trägt die Kombination der Option zur Erfüllung des funktionalen Nutzens bei?
- Wie trägt die Kombination der Option zur Erfüllung des ökonomischen Nutzens bei?
- Wie trägt die Kombination der Option zur Erfüllung des prozessbezogenen Nutzens bei?
- Wie trägt die Kombination der Option zur Erfüllung des emotionalen Nutzens bei?
- Wie trägt die Kombination der Option zur Erfüllung des sozialen Nutzens bei?

Kriterien zur Erreichung von Zielen:

- Wie trägt die Kombination der Option zum Erreichen zeitlicher Ziele bei?
- Wie trägt die Kombination der Option zum Erreichen finanzieller Ziele bei?
- Wie trägt die Kombination der Option zum Erreichen räumlicher Ziele bei?
- Wie trägt die Kombination der Option zum Erreichen qualitativer Ziele bei?

Im Rahmen der Bewertung des digitalen Fits werden zudem je nach Ausgangslage und der Präferenz des Unternehmens unterschiedliche Pfade berücksichtigt, um die digitale Transformation voranzutreiben (IBM Institute for Business Value 2011). Das IBM Institute for Business Value definiert hierzu zwei Dimensionen: Das „Was", also die Veränderung des Nutzens für den Kunden, und das „Wie", also die Gestaltung des operativen Modells. Daraus ergeben sich dann drei Pfade: 1) Digitalisierung der Unternehmensprozesse, 2) Digitalisierung der Nutzenangebote und 3) Aufbau zukünftiger notwendiger Kompetenzen.

In Anlehnung an die vorangegangenen Ausführungen schlagen wir folgende zwei Perspektiven vor: die interne und die externe Digitalisierung, woraus sich dann drei Pfade ergeben:[6]

Intern: Die Transformation der Nutzen- und Wertschöpfungsdimension, z. B.

- Erstellung neuer digitaler Produkte wie E-Books, Apps.
- Erweiterung des bestehenden Produktangebots auf digitalen Plattformen und Technologien wie E-Business und M-Commerce.
- Einsatz von Technologien, um die Kosten in der Supply Chain und in Management-Prozessen zu reduzieren.
- Einsatz von Technologien, um z. B. weltweit virtuelle Konferenzen durchzuführen.

Extern: Die Transformation der Kunden- und Partnerdimension und der Wertschöpfungskette

- Einsatz von Tracking und Analysetools, um das Kundenverhalten zu analysieren und Aussagen bzgl. des Kaufverhaltens zu treffen.
- Einsatz multipler und integrierter Kanäle wie Filiale, Mobiltelefon, Internetauftritt, Social Media, für ein verbessertes Kundenerlebnis.

Direkt: Die parallele interne und externe Transformation

In Abb. 3.8 sind die Pfade in Abhängigkeit der Perspektiven dargestellt.

3.6 Phase V: Digitale Implementierung

In der abschließenden fünften Phase der Roadmap wird das neue, digitale Geschäftsmodell konzeptionell finalisiert, um es schließlich in die betriebliche Praxis zu überführen.

Zielsetzung und Fragen

Wie es die Phasenbezeichnung bereits vermuten lässt ist es primäres Ziel dieser Phase, die *digitale Implementierung* des Geschäftsmodells vorzunehmen. Das digitale Geschäftsmodell wird dazu finalisiert und implementiert (V.1). Außerdem werden die digitale Kundenerfahrung (V.2) und das digitale Wertschöpfungsnetzwerk (V.3) gestaltet (Schallmo 2016a, S. 39 f.).

[6]In Anlehnung an IBM Institute for Business Value (2011) und Esser (2014).

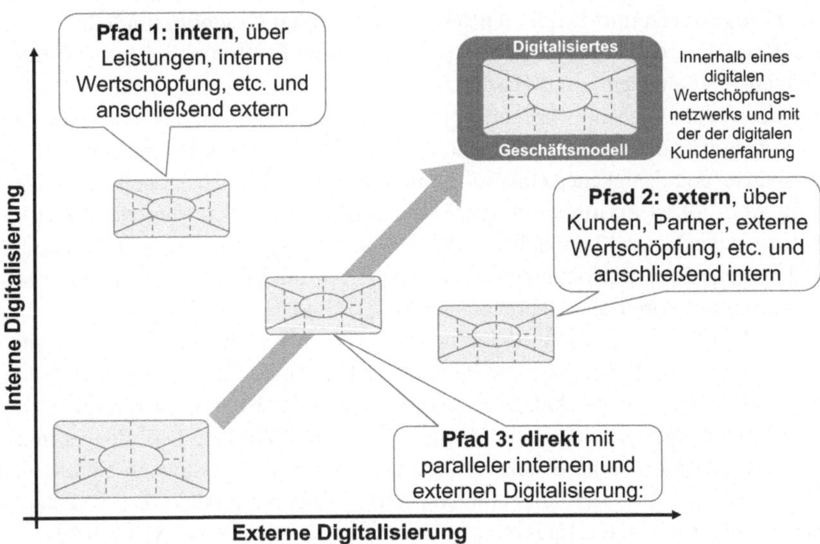

Abb. 3.8 Pfade der digitalen Transformation. (Schallmo 2016a, S. 39)

Die Phase *Digitale Implementierung* beantwortet folgende Fragen:

- Wie lässt sich das digitale Geschäftsmodell finalisieren und implementieren? Welche Veränderungen sollen in welcher Reihenfolge an dem bestehenden Geschäftsmodell vorgenommen werden? Welche Projekte sind dazu notwendig?
- Wie soll die digitale Kundenerfahrung gestaltet werden? Welche digitalen Enabler sollen dabei eingesetzt werden und welche Anwendungen werden damit erzeugt?
- Wie soll das digitale Wertschöpfungsnetzwerk gestaltet und wie sollen Partner integriert werden? Welche digitalen Enabler sollen dabei eingesetzt werden und welche Anwendungen werden damit erzeugt?
- Welche Ressourcen und Fähigkeiten sind generell notwendig, um die digitale Implementierung vorzunehmen?

Aktivitäten mit Techniken

Im Rahmen der Aktivitäten werden Techniken eingesetzt, um zielgerichtet Ergebnisse zu erarbeiten (ebd., S. 40).

(V.1) Finalisieren und Implementieren des digitalen Geschäftsmodells
Auf Basis der vorangegangenen Bewertung wird die Erfolg versprechendste Kombination von Optionen in das Geschäftsmodell integriert, um eine Finalisierung vorzunehmen. Anschließend wird ein Projekt- und Maßnahmenplan entwickelt, um das finale Geschäftsmodell zu implementieren. Hierbei spielen auch die notwendigen Ressourcen und Fähigkeiten eine Rolle, um das digitale Geschäftsmodell zu erstellen.

In Abb. 3.9 ist exemplarisch die Einbettung des Produkts Photovoltaik (PV)-Anlage in das Geschäftsmodell und das System von Systemen dargestellt. Hierbei sind verschiedene Entwicklungsstufen aufgezeigt, die Idee der Entwicklungsstufen entstammt Porter und Heppelmann (2014, S. 44 f.).

Bei dem Produkt handelt es sich um eine PV-Anlage, die auf einem Gebäudedach installiert ist. Das intelligente Produkt wird bereitgestellt, indem mittels Datenloggern Betriebsdaten der Anlage erfasst werden, wodurch ein Soll-Ist-Vergleich der Energieerzeugung und eine Optimierung möglich sind. Wird der Datenlogger innerhalb des Gebäudes vernetzt, um z. B. aktuelle Werte per Smartphone einsehen zu können, so handelt es sich um ein intelligentes, vernetztes Produkt. Die Vernetzung kann ebenfalls mit einem Hausautomationssystem oder dem Smart Meter erfolgen.

Werden nun weitere Leistungen zu dem intelligenten und vernetzten Produkt hinzugefügt, so handelt es sich um ein Produktsystem. In dem vorliegenden Beispiel ist es das PV-System, das Smart Home, Energiemanagement und Risikomanagement beinhaltet.

Das Energiemanagement ermöglicht es z. B. durch den Einsatz von Speichersystemen, den Eigenverbrauch zu erhöhen. Ferner trägt das Energiemanagement zu einer Erhöhung des Autarkiegrades bei.

Das Smart Home vernetzt andere Geräte (z. B. Heizkörper, Waschmaschine etc.) miteinander, um hier zusätzliches Eigenverbrauchspotenzial und somit Einsparmöglichkeiten zu ermöglichen.

Das Risikomanagement stellt die Investitionssicherheit der Anlage mit einer Betriebsdatenanalyse-Software sicher. Über eine automatisierte Integration erfolgen die Auswertung und Validierung von mehreren Datenquellen, wie Wetter- und Betriebsdaten sowie Prognosen.

(V.2) Gestalten der digitalen Kundenerfahrung
Ausgehend von den Kundenanforderungen, die in der ersten Phase erhoben wurden, erfolgt nun das Gestalten der digitalen Kundenerfahrung. Dabei werden die wichtigsten Phasen aus Kundensicht festgelegt. Für jede Phase werden dann Bedürfnisse, Aufgaben und geforderte Erfahrungen abgeleitet und Leistungen sowie digitale Enabler definiert.[7]

---

[7]In Anlehnung an: Stickdorn und Schneider (2014, S. 158 f.), Curedale (2013, S. 213).

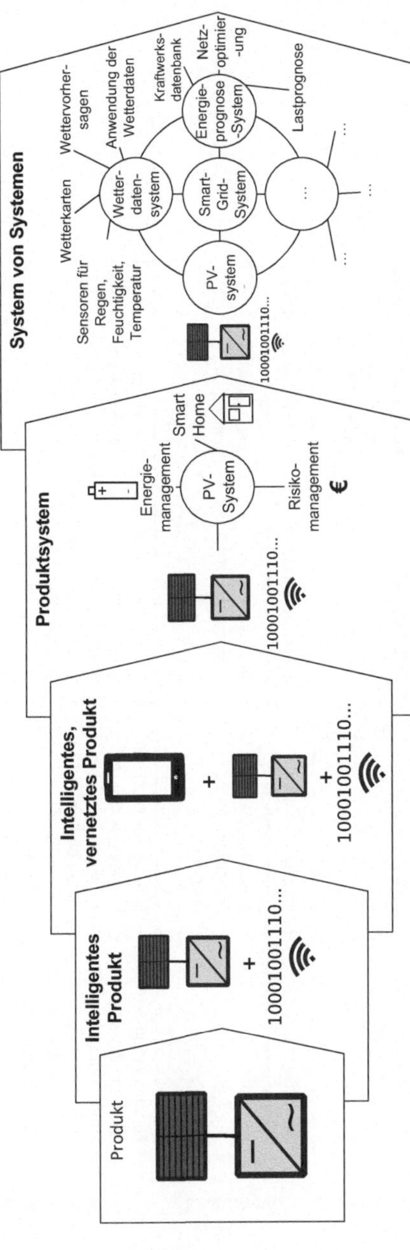

Abb. 3.9 Beispiel für Entwicklungsstufen in der Energiewirtschaft; eigene Darstellung in Anlehnung an Porter und Heppelmann (2014, S. 44 f.)

	1 Planung der PV-Anlage	2 Einsatz der PV-Anlage	3 Wartung der PV-Anlage	4 Reparatur der PV-Anlage	5 ...
Bedürfnisse	• Ermitteln der optimalen Komponenten, hinsichtlich des Aufbaus der PV-Anlage • ...	• Optimierung des Energieertrags • Betriebsführung • ...	• Zuverlässiger Betrieb • Vermeidung von Energieverlusten • ...	• Schnelle und zuverlässige Verfügbarkeit von Ersatzteilen • ...	• ...
Aufgaben	• Durchführen einer Standortanalyse und Ertragsprognose • ...	• Optimierung des Eigenverbrauchs • ...	• Überprüfung der Leistungsdaten • ...	• Schnelle und einfache Bestellung v. Ersatzteilen • Schnelle Reparatur der Komponenten • ...	• ...
Leistungen	• Bereitstellen von Komponenten-Gutachten • ...	• Vergleiche zum Treibstoffverbrauch • Berechnung aktueller Energieverbräuche /-prognosen • ...	• Informationen zu präventiver Wartung • Ermitteln von Komponenten-zuständen • ...	• Schnelle und zuverlässige Ersatzteillieferung innerhalb weniger Stunden • ...	• ...
Digitale Enabler	• Einsatz von Sensoren zur Aufzeichnung der Effizienz von Komponenten in unterschiedlichen Betriebszuständen • ...	• Erheben von Daten mittels Anlagensensoren • Auswerten der Daten mittels Big Data → Soll-Ist-Verbrauch, Optimierung • Vernetzen mit anderen Komponenten innerhalb des Hauses (z. B. Speicher, Heizstab, etc.) • ...	• Einsatz von Big Data zum Ermitteln eines Wartungsbedarfs • Einsatz von Sensoren zum Ermitteln des Wartungsbedarfs • ...	• Optimierte Lagerhaltung bei Lieferanten • ...	• ...

Abb. 3.10 Beispiel für eine digitale Kundenerfahrung in der Energiewirtschaft. (Eigene Darstellung)

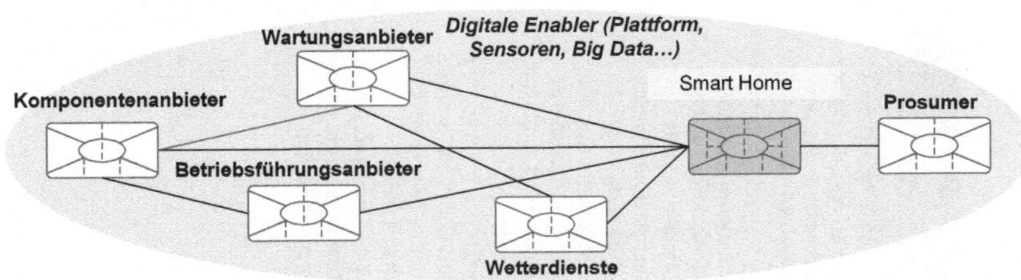

Abb. 3.11 Integriertes und digitales Wertschöpfungsnetzwerk; in Anlehnung an Schallmo (2016a, S. 44)

In Abb. 3.10 ist die Gestaltung der digitalen Kundenerfahrung exemplarisch für den Einsatz einer PV-Anlage dargestellt.

(V.3) Gestalten des digitalen Wertschöpfungsnetzwerks und Integration der Partner

Auf Basis der Analyse der Wertschöpfungskette und der Akteure sowie des finalen Geschäftsmodells erfolgt die finale Gestaltung des digitalen Wertschöpfungsnetzwerks mit der Integration von Partnern.

Dabei soll die Rolle des Integrators eingenommen werden; ferner werden digitale Enabler genutzt, um das Wertschöpfungsnetzwerk zu gestalten. In Abb. 3.11 ist das integrierte, digitale Wertschöpfungsnetzwerk exemplarisch dargestellt.

Innerhalb der letzten Phase ist es entscheidend, dass das Finalisieren und Implementieren des Geschäftsmodells, das Gestalten des digitalen Wertschöpfungsnetzwerks und das Gestalten der digitalen Kundenerfahrung iterativ erfolgt. Das heißt, dass insbesondere auf Basis von Tests Anpassungen vorgenommen werden können.

3.7 Zusammenfassung zu einem Vorgehensmodell

In Abb. 3.12 sind die zuvor beschriebenen Phasen der Roadmap innerhalb eines Vorgehensmodells zusammengefasst. Dabei sind Ziele Aktivitäten und Ergebnisse beschrieben.

Das Vorgehensmodell verfolgt das Ziel, die digitale Transformation von Geschäftsmodellen zu ermöglichen. Neben der Anwendung des gesamten Vorgehensmodells besteht die Möglichkeit, das Vorgehensmodell anzupassen, indem einzelne Phasen und Aktivitäten zusammengefasst bzw. übersprungen werden.

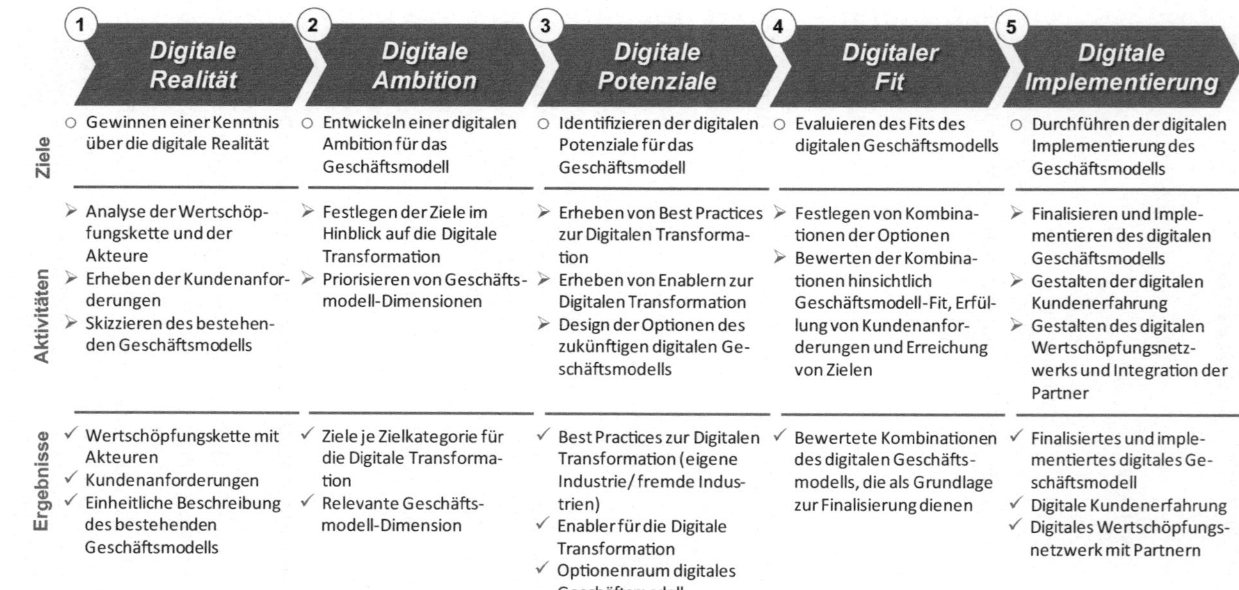

Abb. 3.12 Vorgehensmodell zur digitalen Transformation von Geschäftsmodellen. (Schallmo 2016a, S. 46)

Die digitale Transformation von Geschäftsmodellen gestalten

4

Die Energiewirtschaft durchlebt in wahrhaft stürmische Zeiten. *Traditionelle Geschäftsmodelle* von Energiekonzernen, Regionalversorgern und Stadtwerken stoßen angesichts der beherrschenden Trends der Digitalisierung, Automatisierung und Dezentralisierung mehr oder weniger offensichtlich an ihre Grenzen. Der Wandel vom monopolistischen Versorgungswerk der Evolutionsstufe Utility 1.0 und 2.0 zum digitalen Energiedienstleistungsunternehmen der Stufe 4.0 ist längst im Gange.

> In einem sich dynamisch verändernden Umfeld sichern speziell Geschäftsmodellinnovationen die langfristige Wettbewerbsfähigkeit von Unternehmen. Dieses Paradigma des Innovationsmanagements gilt fraglos auch für die Entwicklung von Utility 4.0. Neuartige Geschäftsmodelle und innovative Geschäftsideen für die digitale Welt von morgen flankieren den Weg vom Energieversorgungs- zum Energiedienstleistungsunternehmen – ein komplexer Umwandlungsprozess, der nur mithilfe eines systematischen Vorgehens – eines pragmatischen Leitfadens – erfolgreich durchlaufen werden kann.[1]

Diesen Leitfaden in Form eines strukturierten Vorgehensmodells für die digitale Transformation von Geschäftsmodellen in der Energiewirtschaft zu skizzieren und insofern Managern, Strategen und Organisationsentwicklern der Versorgungswirtschaft eine taugliche Methodik zur Entwicklung zukunftsfähiger, digitaler Geschäftsmodelle an die Hand zu geben, ist Anspruch dieses essentials. Folgerichtig haben wir zunächst Grundlagen zur digitalen Transformation, zu Geschäftsmodell sowie zu Geschäftsmodellinnovation aufgezeigt und auf dieser

[1]Doleski (2016, S. 39).

D.R.A. Schallmo et al., *Roadmap Utility 4.0*, essentials,
DOI 10.1007/978-3-658-17655-6_4

Basis eine Synthese für den Begriff der digitalen Transformation von Geschäftsmodellen entwickelt.

Anschließend wurde die Roadmap zur digitalen Transformation von Geschäftsmodellen mit fünf Phasen vorgestellt: digitale Realität, digitale Ambition, digitale Potenziale, digitaler Fit, digitale Implementierung. Die Phasen der Roadmap wurden mit ihrer jeweiligen Zielsetzung und den relevanten Fragen erläutert. Anschließend wurden die Aktivitäten jeweils mit den dazugehörigen Techniken anhand von Beispielen aus der Energiewirtschaft aufgezeigt. Das vorgestellte Vorgehensmodell fasst alle Phasen der Roadmap zusammen und enthält Ziele, Aktivitäten und Ergebnisse.

Was Sie aus diesem *essential* mitnehmen können

- Die Definition des Begriffes der digitalen Transformation von Geschäftsmodellen
- Einen Vorschlag für ein strukturiertes Vorgehen bei der digitalen Transformation von Geschäftsmodellen in der Energiewirtschaft
- Eine detaillierte Darstellung der fünf konstitutiven Phasen als praxistaugliche Roadmap
- Erläuterung des Phasenmodells unter Bezugnahme auf ausgewählte Beispiele aus der Energiewirtschaft

D.R.A. Schallmo et al., *Roadmap Utility 4.0*, essentials,
DOI 10.1007/978-3-658-17655-6

Literatur

Alliander, A. G. (2016). Homepage. www.alliander.de. Zugegriffen: 11. Aug. 2016.

Bauernhansl, T., & Emmrich, V. (2015). *Geschäftsmodell-Innovation durch Industrie 4.0 – Chancen und Risiken für den Maschinen- und Anlagenbau*. München: Dr. Wieselhuber & Partner GmbH.

BMWi. (2015). *Industrie 4.0 und Digitale Wirtschaft – Impulse für Wachstum, Beschäftigung und Innovation*. Berlin: Bundesministerium für Wirtschaft und Energie.

Botthof, A., & Bovenschulte, M. (2009). *Das „Internet der Dinge" – die Informatisierung der Arbeitswelt und des Alltags*. Düsseldorf: Hans-Böckler-Stiftung.

Bouée, C.-E., & Schaible, S. (2015). *Die Digitale Transformation der Industrie*. München: Roland Berger Strategy Consultants & Bundesverband der Deutschen Industrie e. V.

Bowersox, D., et al. (2005). The digital transformation: Technology and beyond. *Supply Chain Management Review, 9*(1), 22–29.

Brand, L., et al. (2009). *Internet der Dinge – Perspektiven für die Logistik – Übersichtsstudie*. Düsseldorf: Zukünftige Technologien Consulting der VDI Technologiezentrum GmbH.

Bucherer, E. (2010). *Business model innovation: Guidelines for a structured approach*. Aachen: Shaker.

Capgemini. (2011). *Digital transformation: A roadmap for billion dollar organizations*. Cambridge: MIT Center for Digital Business und Capgemini Consulting.

Curedale, R. (2013). *Design thinking – Process and methods manual*. Topanga: Design Community College.

Doleski, O. D. (2016). *Utility 4.0 – Transformation vom Versorgungs- zum digitalen Energiedienstleistungsunternehmen (essentials)*. Wiesbaden: Springer Vieweg.

Edelmann, H. (2015). *Gewohnte Wege verlassen, Innovation in der Energiewirtschaft. Stadtwerkestudie Juni 2015*. Ernst & Young GmbH (Hrsg.). Düsseldorf. https://www.bdew.de/internet.nsf/id/20150819-pi-neue-stadtwerkestudie-von-ey-und-bdew-de/$file/Stadtwerkestudie_2015.pdf. Zugegriffen: 27. Juni 2016.

Esser, M. (2014). Chancen und Herausforderungen durch Digitale Transformation. http://www.strategy-transformation.com/digitale-transformation-verstehen/. Zugegriffen: 2. Feb. 2016.

Gadiesh, O., & Gilbert, J. (1998). How to map your industry's profit pool. *Harvard Business Review, 1998*(May–June), 149–162.

Geissbauer, R., et al. (2014). *Industrie 4.0 – Chancen und Herausforderungen der vierten industriellen Revolution*. Frankfurt: PwC.

D.R.A. Schallmo et al., *Roadmap Utility 4.0,* essentials,
DOI 10.1007/978-3-658-17655-6

Giesen, E., et al. (2007). Three ways to successfully innovate your business model. *Strategy and Leadership, 35*(6), 27–33.

Grant, R. (2005). *Contemporary strategy analysis*. Oxford: Wiley-Blackwell.

Gray, D., et al. (2010). *Gamestorming: A playbook for innovators, rulebreakers, and changemakers*. Sebastopol: O'Reilly.

Hitt, M., et al. (2008). *Strategic management: Competitiveness and globalization: Concepts and case*. Mason: Cengage Learning.

Hoffmeister, C. (2013). *Digitale Geschäftsmodelle richtig einschätzen*. München: Hanser.

Hoffmeister, C. (2015). *Digital Business Modelling – Digitale Geschäftsmodelle entwickeln und strategisch verankern*. München: Hanser.

IBM Institute for Business Value. (2011). Digital transformation creating new business models where digital meets physical. http://www-935.ibm.com/services/us/gbs/thoughtleadership/pdf/us_ibv_digita_transformation_808.PDF. Zugegriffen: 2. Febr. 2016.

Jahn, B., & Pfeiffer, M. (2014). Die digitale Revolution – Neue Geschäftsmodelle statt (nur) neue Kommunikation. *Marketing Review St. Gallen, 31*(1), 80–92.

KPMG. (2013). *Survival of the smartest – Welche Unternehmen überleben die digitale Revolution?*. Berlin: KPMG.

Kreutzer, R., & Land, K.-H. (2013). *Digitaler Darwinismus*. Wiesbaden: Springer.

Mazzone, D. (2014). *Digital or death: Digital transformation – The only choice for business to survive, smash, and conquer*. Mississauga: Smashbox Consulting Inc.

Österle, H. (1995). *Business Engineering. Prozeß- und Systementwicklung*. Heidelberg: Springer.

Plattner, H., et al. (2009). *Design Thinking. Innovation lernen, Ideenwelten öffnen*. München: Finanzbuch.

Porter, M., & Heppelmann, J. (2014). Wie smarte Produkte den Wettbewerb verändern. *Harvard Business Manager, 2014*(12), 34–60.

Porter, M., & Heppelmann, J. (2015). Wie smarte Produkte Unternehmen verändern. *Harvard Business Manager, 2015*(12), 52–73.

PwC. (2013). *Digitale Transformation – der größte Wandel seit der industriellen Revolution*. Frankfurt: PwC.

Rusnjak, A. (2014). *Entrepreneurial Business Modeling – Definitionen – Vorgehensmodell – Framework – Werkzeuge – Perspektiven*. Wiesbaden: Springer.

Schallmo, D. (2013). *Geschäftsmodelle erfolgreich entwickeln und implementieren*. Wiesbaden: Springer.

Schallmo, D. (2014). Vorgehensmodell der Geschäftsmodell-Innovation – bestehende Ansätze, Phasen, Aktivitäten und Ergebnisse. In D. Schallmo (Hrsg.), *Kompendium Geschäftsmodell-Innovation – Grundlagen, aktuelle Ansätze und Fallbeispiele zur erfolgreichen Geschäftsmodell-Innovation* (S. 51–74). Wiesbaden: Springer.

Schallmo, D. (2015). *Bestehende Ansätze zu Business Model Innovationen*. Wiesbaden: Springer.

Schallmo, D. (2016a). *Jetzt digital transformieren. So gelingt die erfolgreiche Digitale Transformation Ihres Geschäftsmodells*. Wiesbaden: Springer.

Schallmo, D. (2016b). Digitale Transformation von Geschäftsmodellen: Beispiele und Roadmap für die Digitale Transformation. *GfPM Magazin, 2016*(6), 1–3.

Schallmo, D., & Brecht, L. (2014). *Prozessinnovation erfolgreich gestalten*. Wiesbaden: Springer.

Schallmo, D., & Rusnjak, A. (2016). Roadmap zur Digitalen Transformation von Geschäftsmodellen. In D. Schallmo et al. (Hrsg.), *Digitale Transformation von Geschäftsmodellen: Grundlagen, aktuelle Ansätze und Fallbeispiele* (S. 1–32). Wiesbaden: Springer.

Schwieters, N., et al. (2016). *Deutschlands Energieversorger werden digital*. Frankfurt: PwC.

Stadtwerke Ulm. (2016). Homepage. https://www.swu.de/privatkunden/energie-wasser/strom/intelligente-stromzaehler.html. Zugegriffen: 11. Aug. 2016.

Stickdorn, M., & Schneider, J. (2014). *This is service design thinking*. Amsterdam: BIS.

Wirtz, B., & Thomas, M.-J. (2014). Design und Entwicklung der Business Model-Innovation. In D. Schallmo (Hrsg.), *Kompendium Geschäftsmodell-Innovation – Grundlagen, aktuelle Ansätze und Fallbeispiele zur erfolgreichen Geschäftsmodell-Innovation* (S. 31–49). Wiesbaden: Springer.